2019NIAN
SICHUANSHENG SHENGTAI HUANJING
ZHILIANG ZHUANGKUANG

2019年
四川省生态环境
质量状况

四川省生态环境厅／编

四川大学出版社

项目策划：毕　潜
责任编辑：毕　潜
责任校对：胡晓燕
封面设计：墨创文化
责任印制：王　炜

图书在版编目（CIP）数据

2019 年四川省生态环境质量状况 / 四川省生态环境
厅编 . — 成都：四川大学出版社，2020.10
　ISBN 978-7-5690-3897-2

　Ⅰ . ① 2… Ⅱ . ①四… Ⅲ . ①生态环境－环境质量评
价－四川－ 2019 Ⅳ . ① X821.271

　中国版本图书馆 CIP 数据核字（2020）第 189990 号

书名　　　2019 年四川省生态环境质量状况

编　　者	四川省生态环境厅
出　　版	四川大学出版社
地　　址	成都市一环路南一段 24 号（610065）
发　　行	四川大学出版社
书　　号	ISBN 978-7-5690-3897-2
印前制作	墨创文化
印　　刷	四川盛图彩色印刷有限公司
成品尺寸	210mm×285mm
印　　张	3.5
字　　数	117 千字
版　　次	2020 年 12 月第 1 版
印　　次	2020 年 12 月第 1 次印刷
定　　价	68.00 元

◆ 读者邮购本书，请与本社发行科联系。
　电话：(028)85408408/(028)85401670/
　(028)86408023　邮政编码：610065
◆ 本社图书如有印装质量问题，请寄回出版社调换。
◆ 网址：http://press.scu.edu.cn

四川大学出版社
微信公众号

编委会名单

● **参加编写人员：**

驻市（州）生态环境监测（中心）站以行政区划代码为序

刘　灿（四川省成都生态环境监测中心站）　　陈昌华（四川省自贡生态环境监测中心站）

黄　梅（四川省攀枝花生态环境监测中心站）　彭　可（四川省泸州生态环境监测中心站）

杨　贤（四川省德阳生态环境监测中心站）　　贾　蕾（四川省绵阳生态环境监测中心站）

张　磊（四川省广元生态环境监测中心站）　　杨永安（四川省遂宁生态环境监测中心站）

陈奕红（四川省内江生态环境监测中心站）　　陈　丹（四川省乐山生态环境监测中心站）

吕　娟（四川省南充生态环境监测中心站）　　张念华（四川省眉山生态环境监测中心站）

周书华（四川省宜宾生态环境监测中心站）　　李　鹏（四川省广安生态环境监测中心站）

黄　梅（四川省达州生态环境监测中心站）　　周钰人（四川省雅安生态环境监测中心站）

张　帆（四川省巴中生态环境监测中心站）　　刘　平（四川省资阳生态环境监测中心站）

杨　利（四川省阿坝生态环境监测中心站）　　王清艳（四川省甘孜生态环境监测中心站）

苏永洁（四川省凉山生态环境监测中心站）

● **主编单位：**

四川省生态环境监测总站

● **资料提供单位：**

各驻市（州）生态环境监测中心站

前 言
QIANYAN

为了向公众提供可读性强、适用性好、通俗易懂的环境质量信息，向政府和有关部门提供简单明了的综合分析报告和决策依据，我们编写了《2019年四川省生态环境质量状况》。本书以四川省21个市（州）开展的城市环境空气、大气降水、地表水、城市集中式饮用水水源地、城市声环境、生态环境监测数据为基础，通过科学的分析和评价形成。

本书以简洁的语言、形象生动的图画展示了2019年四川省城市环境空气、大气降水、六大水系地表水、市（州）及县（市、区）政府所在地城市集中式饮用水水源地水质、城市声环境质量和生态环境质量状况，还分别展示了21个市（州）的生态环境质量状况。本书基本厘清了2019年四川省生态环境质量状况，是公众了解生态环境质量的有益读本，是环境管理和环境科研的有益资料。

本书是集体智慧的结晶，在此我们感谢所有参与监测的人员和单位，感谢四川大学出版社在出版过程中给予的大力支持和帮助。

编 者

2020年6月

目录
MULU

一、四川省生态环境
质量状况

四川省生态环境质量概况

六大水系中，黄河干流（四川段）、长江干流（四川段）、金沙江水系、嘉陵江水系、岷江干流、沱江干流水质为优，岷江支流水质为良好，沱江支流受到轻度污染。

全省49个城市集中式饮用水水源地取水总量为206404.90万吨，达标水量为206364.20万吨，水质达标率为99.98%。144个县的212个县级集中式饮用水水源地开展了监测，总计监测断面（点位）216个（地表水型181个，地下水型35个），取水总量为122920.57万吨，达标水量为122920.57万吨，水质达标率为100%。

2019年全省城市环境空气质量总体达标天数比例为89.1%，其中优占40.4%，良占48.7%；总体污染天数比例为10.9%，其中轻度污染为9.5%，中度污染为1.2%，重度污染为0.2%。

全省酸雨污染总体持平，8个城市出现过酸雨。

全省21个市（州）城市区域和道路交通声环境昼间质量状况总体较好，城市功能区声环境质量昼间、夜间达标率有所上升。

全省生态环境状况指数为71.9，生态环境状况类型为"良"。全省21个市（州）生态环境质量为"优"的有4个，占全省总面积的21.5%，占市域数量的19.0%；生态环境质量为"良"的有17个，占全省总面积的78.5%，占市域数量的81.0%。

各环境要素质量状况

水环境质量状况
——河流水质概况

六大水系中，黄河干流（四川段）、长江干流（四川段）、金沙江水系、嘉陵江水系、岷江干流、沱江干流水质为优，岷江支流水质为良好，沱江支流受到轻度污染。

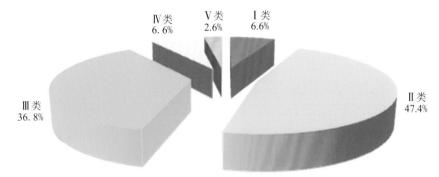

2019年四川省河流水质类别比例

2019年四川省河流水质状况示意图

水环境质量状况
——黄河干流、长江干流、金沙江水系水质状况

黄河干流水质为优。

长江干流水质为优。

金沙江水系水质为优。

赤水河、永宁河、南广河水质为优。

长宁河、御临河、大洪河水质为良好。

黄河干流（四川段）、长江干流（四川段）、金沙江水系共30个国、省控断面水质均为优良。

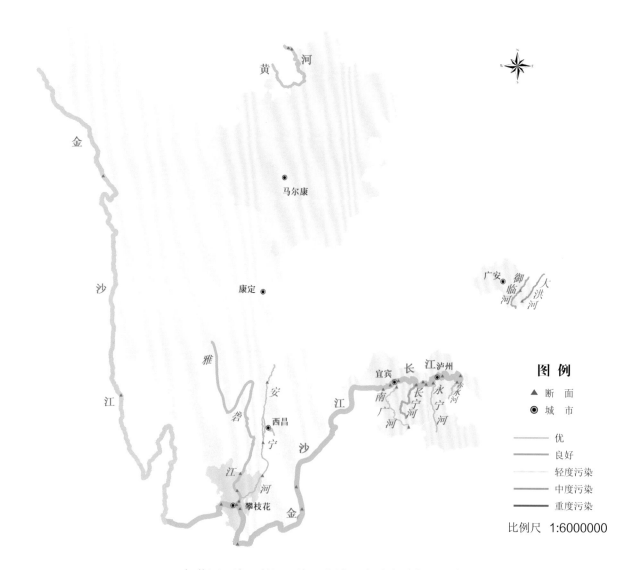

2019年黄河干流、长江干流、金沙江水系水质状况示意图

水环境质量状况
——岷江水系水质状况

岷江干流水质为优，12个断面均为Ⅱ～Ⅲ类水质。

岷江支流茫溪河受到中度污染，府河、新津南河、思蒙河、体泉河、毛河受到轻度污染，其余河流水质为优良。

38个国、省控断面中，优良（Ⅰ～Ⅲ类）水质占比为84.2%。

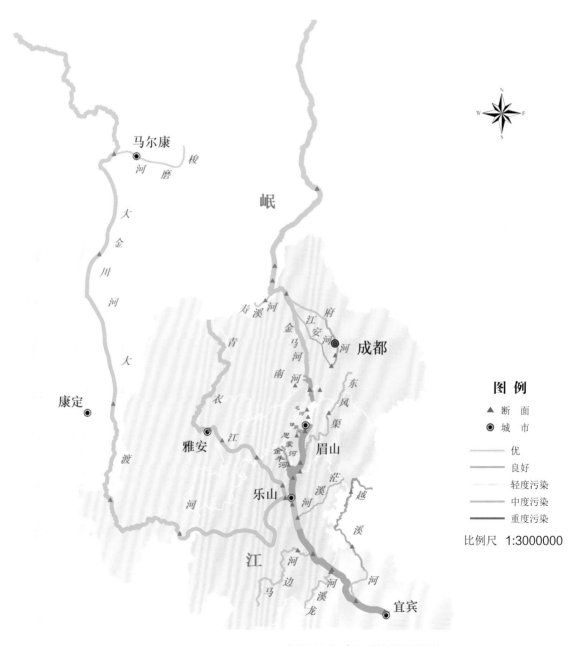

2019年岷江水系水质状况示意图

ⓞ 水环境质量状况
——沱江水系水质状况

沱江干流水质为优，14个断面均为Ⅲ类水质。

沱江支流九曲河受到中度污染，阳化河、球溪河、旭水河、釜溪河受到轻度污染，其余河流水质为优良。

36个国、省控断面中，优良（Ⅰ～Ⅲ类）水质占比为77.8%。

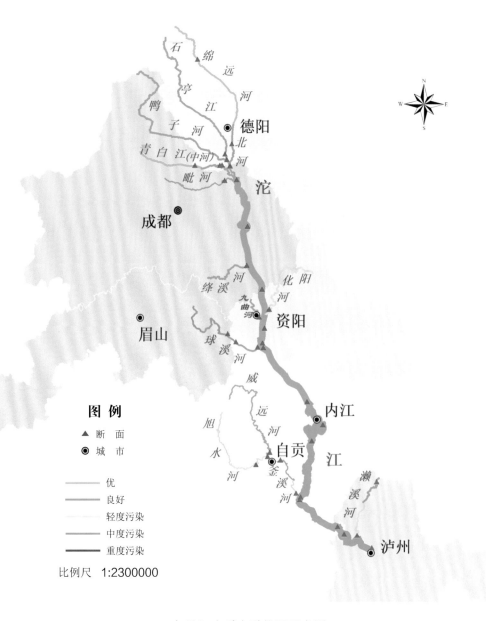

2019年沱江水系水质状况示意图

水环境质量状况
——嘉陵江水系水质状况

嘉陵江干流水质为优。

嘉陵江21条支流水质均为优良。

48个国、省控断面中，优良（Ⅰ～Ⅲ类）水质占比为100%。

2019年嘉陵江水系水质状况示意图

▶ 水环境质量状况
——湖库水质状况

　　泸沽湖、邛海、二滩水库、瀑布沟、紫坪铺水库、双溪水库、升钟水库、白龙湖水质为优。

　　黑龙滩水库、老鹰水库、三岔湖、鲁班水库水质为良好。

　　大洪湖受到轻度污染。

2019年四川省重点湖库水质状况示意图

● 水环境质量状况
——湖库营养状况

泸沽湖、二滩水库、紫坪铺水库、白龙湖为贫营养。

邛海、黑龙滩水库、瀑布沟、老鹰水库、三岔湖、双溪水库、鲁班水库、升钟水库、大洪湖为中营养。

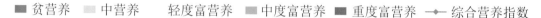

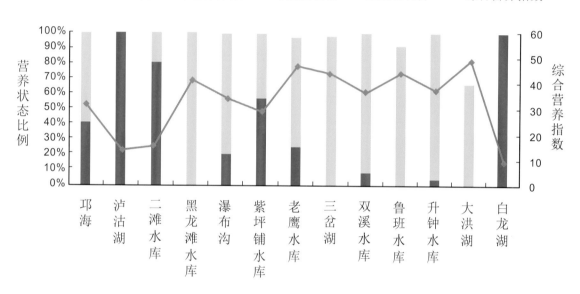

2019年四川省重点湖库营养状况分布图

▶ 水环境质量状况
——市级集中式饮用水水源地水质状况

49个市级集中式饮用水水源地取水总量为206404.90万吨，达标水量为206364.20万吨，水质达标率为99.98%。

2019年市级集中式饮用水水源地水质状况示意图

水环境质量状况
——县级集中式饮用水水源地水质状况

144个县的212个县级集中式饮用水水源地取水总量为122920.57万吨，达标水量为122920.57万吨，水质达标率为100%。

2019年县级集中式饮用水水源地水质状况示意图

▶ 环境空气质量状况
——环境空气质量概况

2019年，全省城市环境空气质量总体优良天数比例为89.1%，其中优为40.4%，良为48.7%；总体污染天数比例为10.9%，其中轻度污染为9.5%，中度污染为1.2%，重度污染为0.2%。

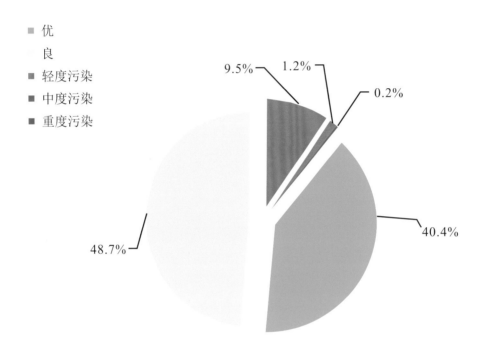

2019年城市环境空气质量级别比例

环境空气质量状况
——二氧化硫浓度

全省21个市（州）城市二氧化硫（SO_2）年平均浓度为9.4微克／立方米，达到二级标准。

二氧化硫（SO_2）年平均浓度达到二级标准的有成都、自贡、攀枝花、泸州、绵阳、德阳、广元、遂宁、内江、乐山、南充、宜宾、广安、达州、巴中、雅安、眉山、资阳、马尔康、康定、西昌共21个城市。

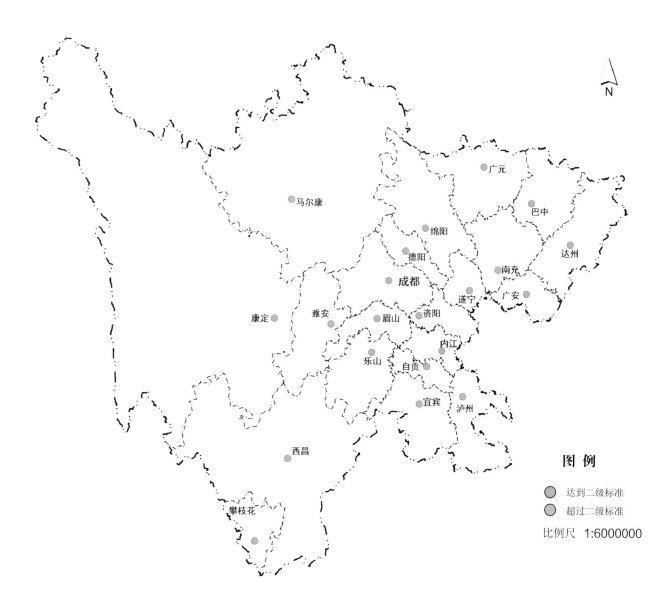

2019年二氧化硫年平均浓度分布示意图

◎ 环境空气质量状况
——二氧化氮浓度

全省21个市（州）城市二氧化氮（NO_2）年平均浓度为27.8微克／立方米，达到二级标准。

二氧化氮（NO_2）年平均浓度达到二级标准的有自贡、攀枝花、泸州、绵阳、德阳、广元、遂宁、内江、乐山、南充、宜宾、广安、巴中、雅安、眉山、资阳、马尔康、康定、西昌共19个城市。

二氧化氮（NO_2）年平均浓度超过二级标准的城市有成都、达州。

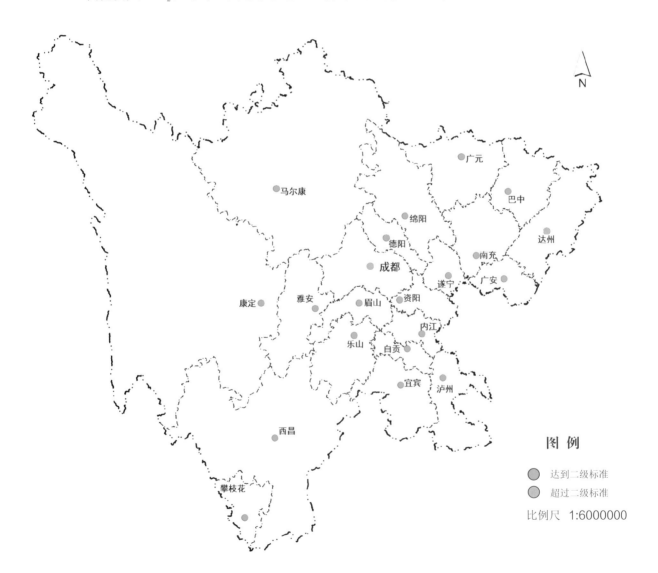

图 例

● 达到二级标准
● 超过二级标准

比例尺 1:6000000

2019年二氧化氮年平均浓度分布示意图

◐ 环境空气质量状况
——颗粒物（PM₁₀）浓度

全省21个市（州）城市颗粒物（PM_{10}）年平均浓度为52.9微克／立方米，达到二级标准。

颗粒物（PM_{10}）年平均浓度达到二级标准的有成都、自贡、攀枝花、泸州、绵阳、德阳、广元、遂宁、内江、乐山、南充、宜宾、广安、巴中、雅安、眉山、资阳、马尔康、康定、西昌共20个城市。

颗粒物（PM_{10}）年平均浓度超过二级标准的城市有达州。

2019年颗粒物（PM_{10}）年平均浓度分布示意图

环境空气质量状况
——细颗粒物（PM$_{2.5}$）浓度

全省21个市（州）城市细颗粒物（PM$_{2.5}$）年平均浓度为34.4微克／立方米，达到二级标准。

细颗粒物（PM$_{2.5}$）年平均浓度达到二级标准的有攀枝花、广元、遂宁、内江、广安、巴中、雅安、资阳、马尔康、康定、西昌共11个城市。

细颗粒物（PM$_{2.5}$）年平均浓度超过二级标准的有宜宾、达州、自贡、成都、南充、乐山、泸州、德阳、绵阳、眉山共10个城市。

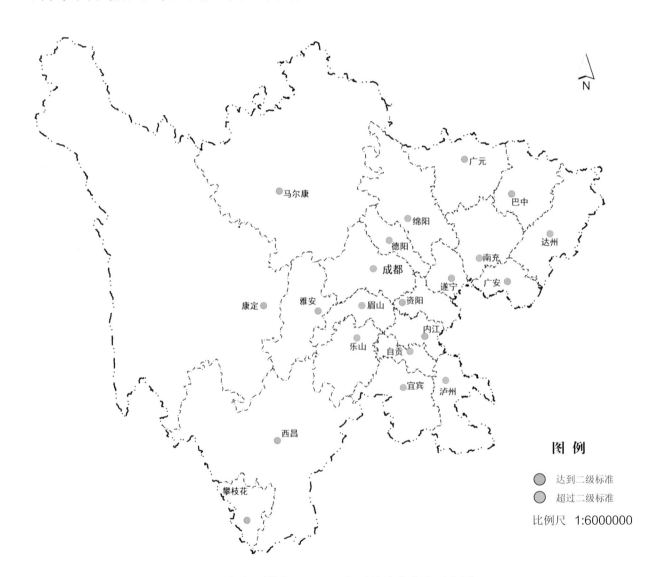

图 例

● 达到二级标准
● 超过二级标准

比例尺 1:6000000

2019年细颗粒物（PM$_{2.5}$）年平均浓度分布示意图

环境空气质量状况
——一氧化碳浓度

全省21个市（州）城市一氧化碳（CO）日平均第95百分位浓度为1.1毫克／立方米，达到一级标准／二级标准。

一氧化碳（CO）日平均第95百分位浓度达到一级标准／二级标准的有成都、自贡、攀枝花、泸州、绵阳、德阳、广元、遂宁、内江、乐山、南充、宜宾、广安、达州、巴中、雅安、眉山、资阳、马尔康、康定、西昌共21个城市。

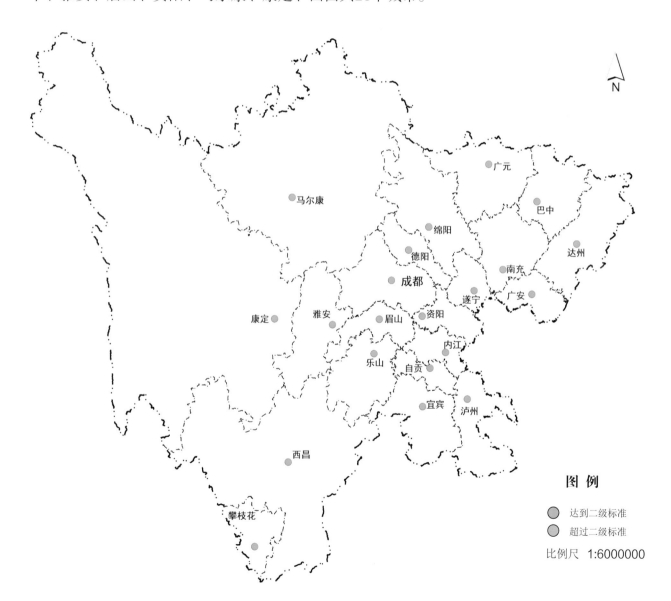

图 例

● 达到二级标准
● 超过二级标准

比例尺 1:6000000

2019年一氧化碳日平均第95百分位浓度分布示意图

环境空气质量状况
——臭氧浓度

全省21个市（州）城市臭氧（O_3）日最大8小时值第90百分位浓度为134.1微克／立方米，达到二级标准。

臭氧日最大8小时值第90百分位浓度达到二级标准的有成都、自贡、攀枝花、泸州、绵阳、德阳、广元、遂宁、内江、乐山、南充、宜宾、广安、达州、巴中、雅安、眉山、资阳、马尔康、康定、西昌共21个城市。

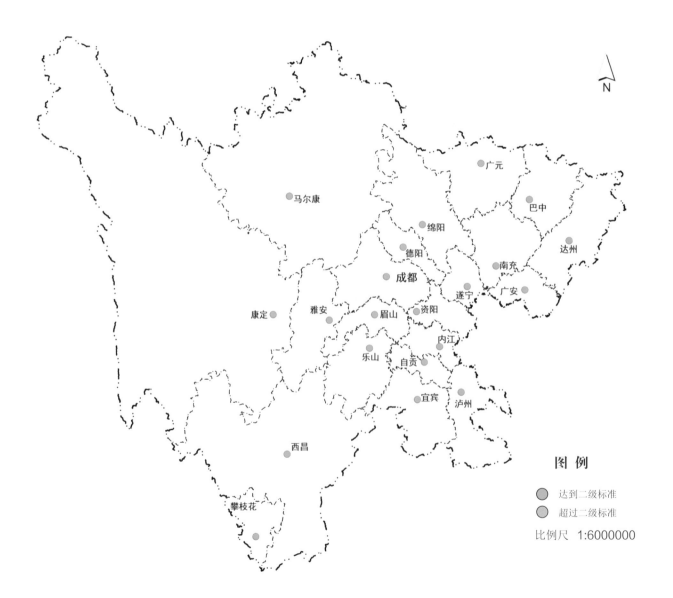

2019年臭氧日最大8小时值第90百分位浓度分布示意图

▶ 降水状况

——降水pH、酸雨频率

21个市（州）城市降水pH年均值为5.97。降水pH年均值小于5.6的酸雨城市有2个，占总数的9.5%。巴中、泸州为轻酸雨区。

21个市（州）城市中，有8个城市出现过酸雨，占38.1%。

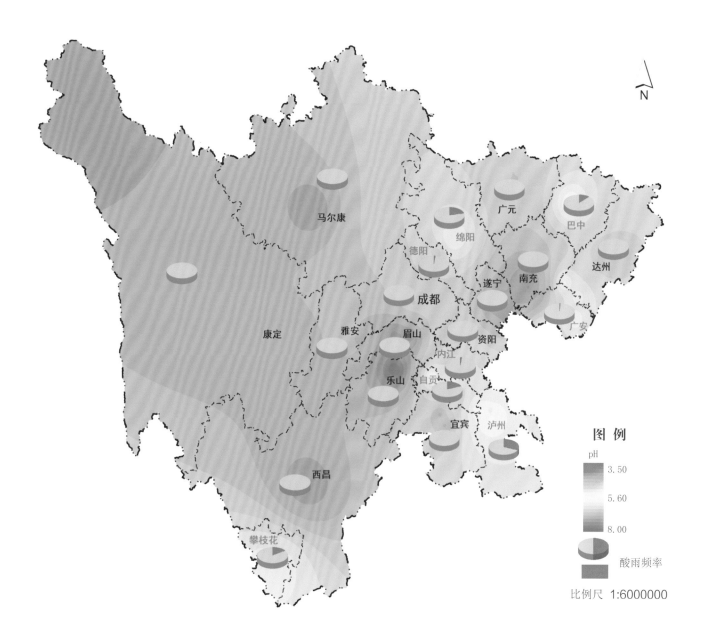

2019年酸雨区域分布示意图

● 声环境质量状况

——城市区域声环境质量

全省21个省控城市区域声环境昼间质量状况总体较好。区域声环境昼间质量状况属于较好的有16个，占76.2%；属于一般的有5个，占23.8%。

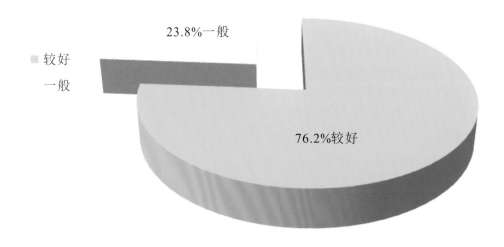

2019年城市区域声环境昼间质量状况

◉ 声环境质量状况
——城市道路交通声环境质量

全省21个省控城市道路交通声环境昼间质量状况总体较好。道路交通声环境昼间质量状况属于好的有11个，占52.4%；属于较好的有8个，占38.1%；属于一般的有2个，占9.5%。

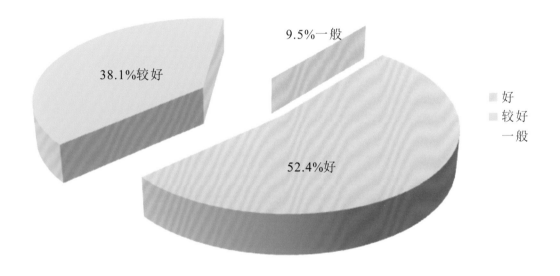

2019年城市道路交通声环境昼间质量状况

○ 声环境质量状况
——城市功能区声环境质量

全省各类功能区噪声昼间达标率为94.3%，夜间达标率为79.1%。各类功能区昼间达标率均比夜间高，3类区昼间达标率最高，为97.3%，4类区夜间达标率最低，为55.4%。

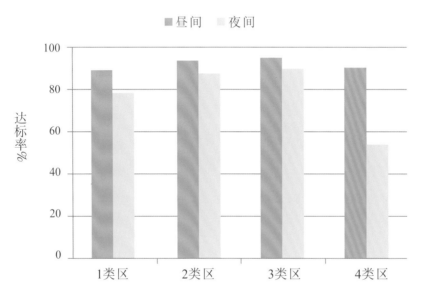

2019年各类功能区噪声监测点次达标率

▶ 生态环境质量状况

全省生态环境质量状况指数为71.9，生态环境质量状况类型为"良"。全省21个市（州）生态环境质量为"优"的有4个，占全省总面积的21.5%，占市域数量的19.0%；生态环境质量为"良"的有17个，占全省总面积的78.5%，占市域数量的81.0%。

2019年生态环境质量状况分布示意图

二、21个市（州）生态环境质量状况

成都市生态环境质量状况

水环境　地表水总体水质为良好。12个国、省控断面中，优良（Ⅰ～Ⅲ类）水质占83.3%。府河黄龙溪断面、新津南河老南河大桥断面为轻度污染。

紫坪铺水库水质为优，三岔湖水质为良好。

城区（锦江区、武侯区、成华区、青羊区、金牛区）、温江区、青白江区、郫都区、金堂县、双流区、大邑县、蒲江县、新津县、新都区、龙泉驿区、都江堰市、彭州市、邛崃市、崇州市、简阳市饮用水水源地水质达标率均为100%。

环境空气　优良天数比例为78.6%，二氧化氮、细颗粒物（PM$_{2.5}$）超标。

非酸雨城市，降水pH年均值为6.32。

声环境　区域声环境和道路交通声环境昼间质量状况均为较好。功能区噪声昼间点次达标率为82.9%，夜间点次达标率为40.8%。

生态环境　生态环境质量为"良"。

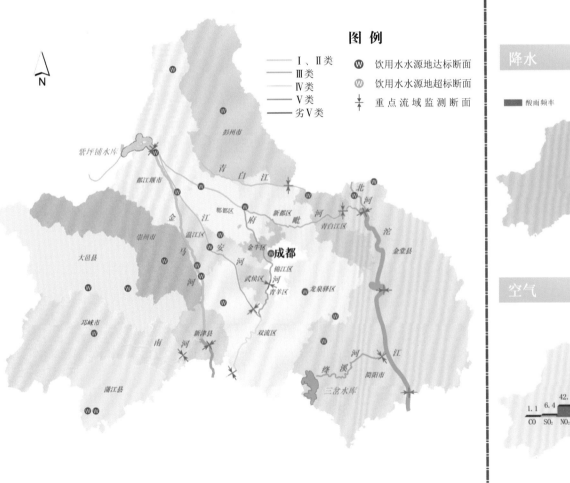
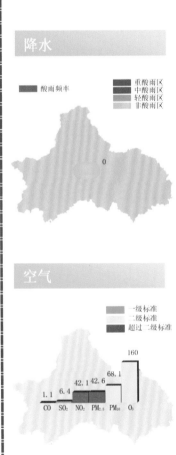

成都市生态环境质量状况示意图

德阳市生态环境质量状况

水环境　地表水总体水质为优。9个国、省控断面中，优良（Ⅰ～Ⅲ类）水质占100%。

城区（旌阳区）饮用水水源地水质达标率为99.3%，西郊水厂取水点水质未达标，超标项目为锰（本底超标）。中江县、罗江区、绵竹市、广汉市、什邡市饮用水水源地水质达标率均为100%。

环境空气　优良天数比例为83.6%，细颗粒物（PM_{2.5}）超标。

非酸雨城市，降水pH年均值为6.15。

声环境　区域声环境和道路交通声环境昼间质量状况均为较好。功能区噪声昼间点次达标率为95.8%，夜间点次达标率为100%。

生态环境　生态环境质量为"良"。

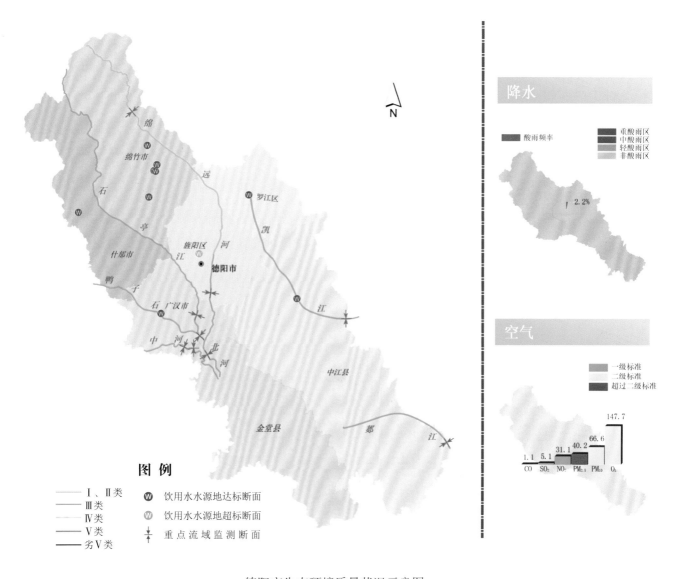

德阳市生态环境质量状况示意图

绵阳市生态环境质量状况

水环境　地表水总体水质为优。8个国、省控断面中，优良（Ⅰ～Ⅲ类）水质占100%。鲁班水库水质为良好。

城区（涪城区和游仙区）、三台县、盐亭县、梓潼县、平武县、北川羌族自治县、安州区和江油市饮用水水源地水质达标率为100%。

环境空气　优良天数比例为89.0%，细颗粒物（PM~2.5~）超标。

非酸雨城市，降水pH年均值为5.71。

声环境　区域声环境和道路交通声环境昼间质量状况分别为一般和较好。功能区噪声昼间点次达标率为100%，夜间点次达标率为80.0%。

生态环境　生态环境质量为"良"。

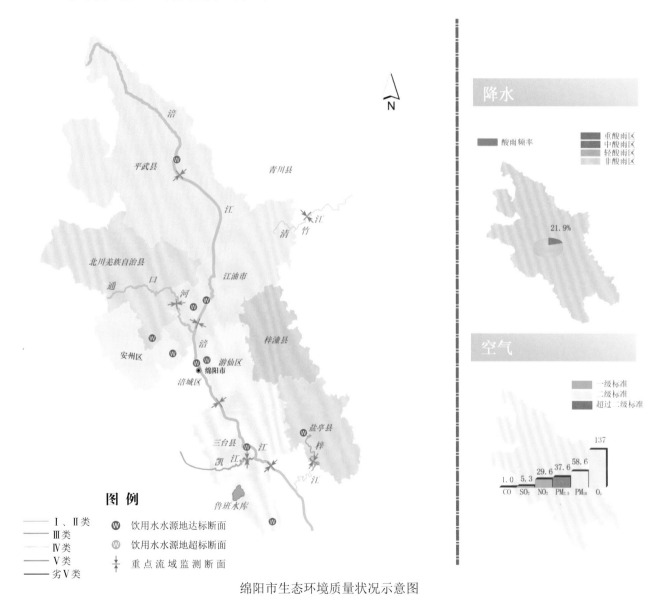

绵阳市生态环境质量状况示意图

广元市生态环境质量状况

水环境　地表水总体水质为优。10个国、省控断面中，优（Ⅱ类）水质占100%。

白龙湖水质为优。

城区（利州区）、朝天区、昭化区、旺苍县、青川县、剑阁县和苍溪县饮用水水源地水质达标率均为100%。

环境空气　空气质量为Ⅱ级，优良天数比例为96.7%。

非酸雨城市，降水pH年均值为6.5。

声环境　区域声环境和道路交通声环境昼间质量状况分别为一般和好。功能区噪声昼间点次达标率为96.4%，夜间点次达标率为82.1%。

生态环境　生态环境质量为"优"。

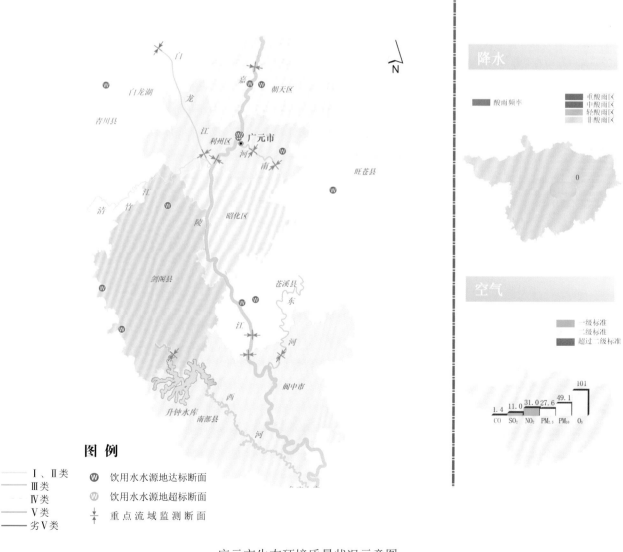

广元市生态环境质量状况示意图

巴中市生态环境质量状况

水环境 地表水总体水质为优，2个国、省控断面中，江陵断面水质为优（Ⅱ类），手傍岩断面水质为良好（Ⅲ类）。

城区（巴州区）、恩阳区、通江县、南江县和平昌县饮用水水源地水质达标率均为100%。

环境空气 空气质量为Ⅱ级，优良天数比例为94.8%。

轻酸雨城市，降水pH年均值为5.48。

声环境 区域声环境和道路交通声环境昼间质量状况分别为较好和好。功能区噪声昼间点次达标率为100%，夜间点次达标率为93.8%。

生态环境 生态环境质量为"良"。

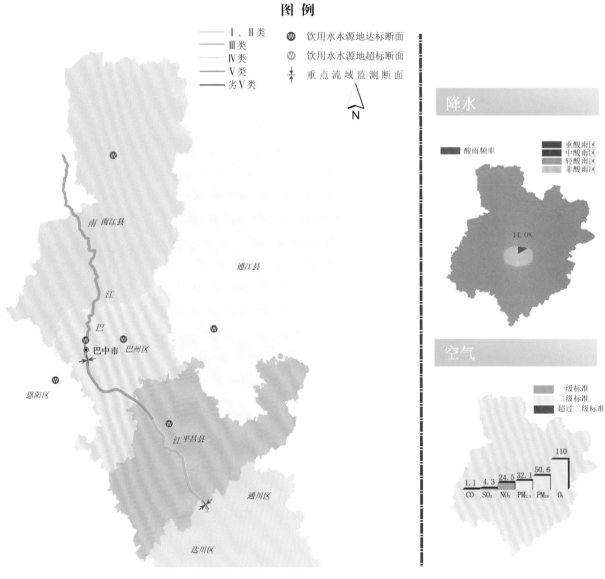

巴中市生态环境质量状况示意图

自贡市生态环境质量状况

水环境　地表水总体水质为轻度污染。9个国、省控断面中，良好（Ⅲ类）水质占66.7%。旭水河雷公滩断面和釜溪河双河口断面、邓关断面为轻度污染。

双溪水库水质为优。

城区（自流井区、贡井区和大安区）、沿滩区、荣县和富顺县饮用水水源地水质达标率均为100%。

环境空气　优良天数比例为80.3%，细颗粒物（PM$_{2.5}$）超标。

非酸雨城市，降水pH年均值为5.67。

声环境　区域声环境和道路交通声环境昼间质量状况分别为一般和较好。功能区噪声昼间点次达标率为93.3%，夜间点次达标率为80.0%。

生态环境　生态环境质量为"良"。

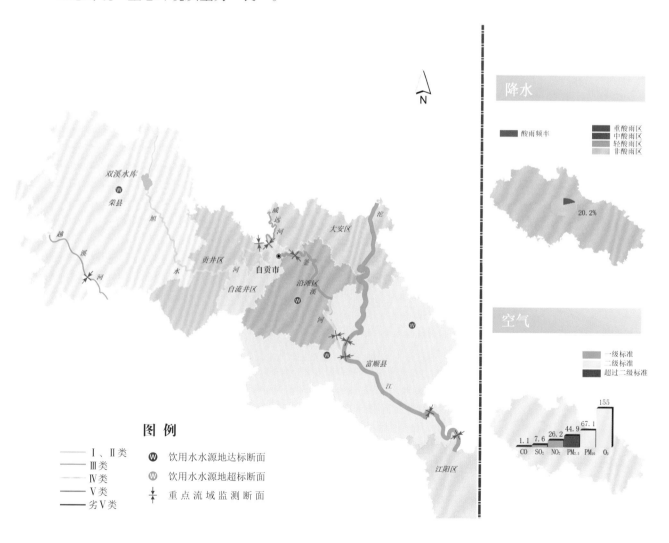

自贡市生态环境质量状况示意图

攀枝花市生态环境质量状况

水环境 地表水总体水质为优。7个国、省控断面中，优（Ⅰ～Ⅱ类）水质占100%。二滩水库水质为优。

城区（东区和西区）、仁和区、米易县、盐边县饮用水水源地水质达标率均为100%。

环境空气 空气质量为Ⅱ级，优良天数比例为97.5%。

非酸雨城市，降水pH年均值为5.74。

声环境 区域声环境和道路交通声环境昼间质量状况均为较好。功能区噪声昼间点次达标率为100%，夜间点次达标率为55.0%。

生态环境 生态环境质量为"良"。

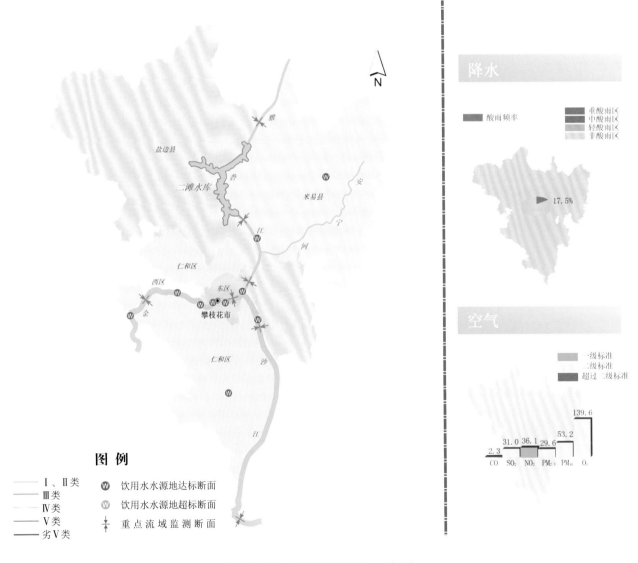

攀枝花市生态环境质量状况示意图

泸州市生态环境质量状况

水环境　地表水总体水质为良好。7个国、省控断面中，优良（Ⅱ～Ⅲ类）水质占85.7%。濑溪河的胡市大桥断面为轻度污染。

城区（江阳区、龙马潭区和泸县）、纳溪区、合江县、叙永县、古蔺县饮用水水源地水质达标率均为100%。

环境空气　优良天数比例为83.8%，细颗粒物（PM$_{2.5}$）超标。

轻酸雨城市，降水pH年均值为5.41。

声环境　区域声环境和道路交通声环境昼间质量状况分别为较好和一般。功能区噪声昼间点次达标率为71.4%，夜间点次达标率为50.0%。

生态环境　生态环境质量为"良"。

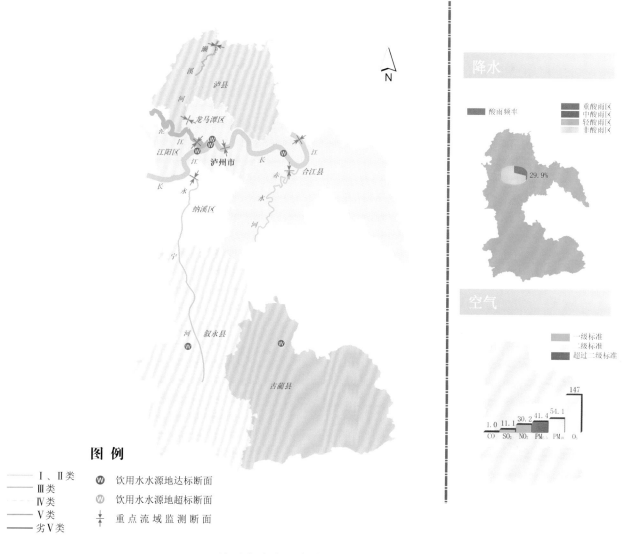

泸州市生态环境质量状况示意图

遂宁市生态环境质量状况

水环境　地表水总体水质为优。5个国、省控断面中，优良（Ⅱ～Ⅲ类）水质占100%。

城区（船山区）、安居区、蓬溪县、大英县、射洪市饮用水水源地水质达标率均为100%。城区备用水源地黑龙凼取水口部分时段总磷、高锰酸盐指数超标，目前该水源地暂未取水。

环境空气　空气质量为Ⅱ级，优良天数比例为93.4%。

非酸雨城市，降水pH年均值为7.13。

声环境　区域声环境和道路交通声环境昼间质量状况分别为较好和好。功能区噪声昼间点次达标率为96.4%，夜间点次达标率为96.4%。

生态环境　生态环境质量为"良"。

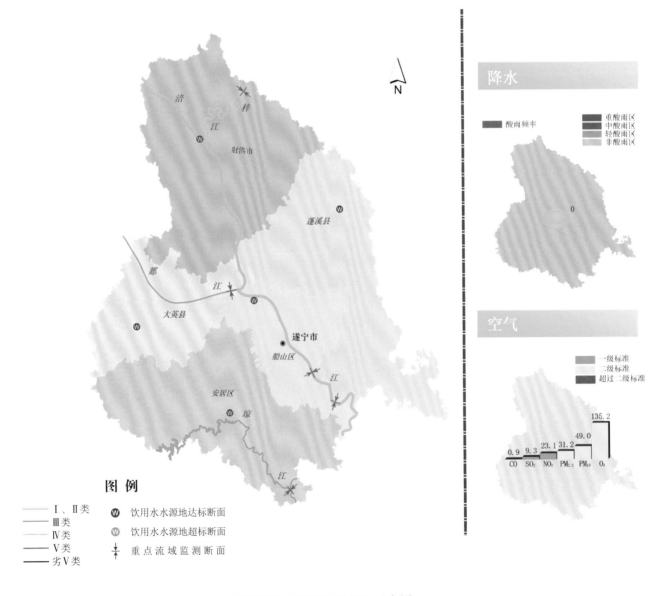

遂宁市生态环境质量状况示意图

内江市生态环境质量状况

水环境　地表水总体水质为优。5个国、省控断面中，良好（Ⅲ类）水质占100%。

城区（市中区和东兴区）、资中县、威远县、隆昌市饮用水水源地水质达标率均为100%。

环境空气　优良天数比例为87.4%，细颗粒物（PM$_{2.5}$）超标。

非酸雨城市，降水pH年均值为6.06。

声环境　区域声环境和道路交通声环境昼间质量状况分别为较好和一般。功能区噪声昼间点次达标率为100%，夜间点次达标率为89.3%。

生态环境　生态环境质量为"良"。

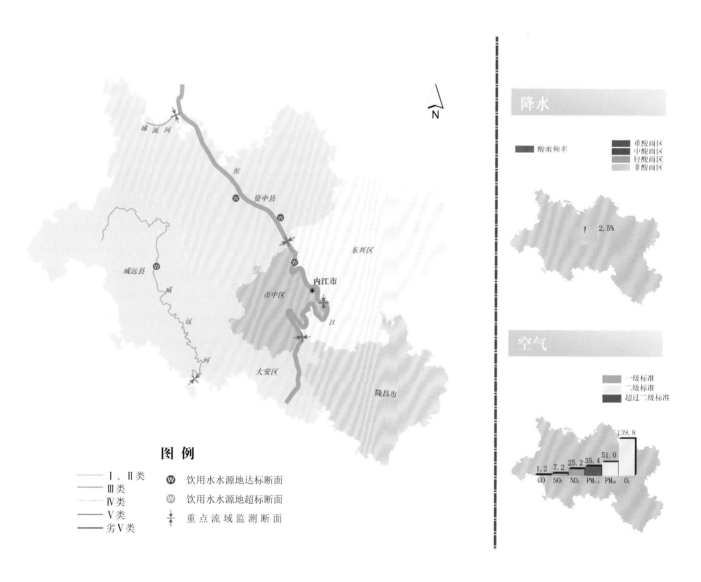

内江市生态环境质量状况示意图

乐山市生态环境质量状况

水环境　地表水总体水质为良好。8个国、省控断面中，优良（Ⅱ～Ⅲ类）水质占87.5%。茫溪河茫溪大桥断面为中度污染。

城区（市中区和沙湾区）、五通桥区、金口河区、犍为县、井研县、夹江县、沐川县、峨眉山市、峨边彝族自治县、马边彝族自治县饮用水水源地水质达标率均为100%。

环境空气　优良天数比例为83.8%，细颗粒物（PM$_{2.5}$）超标。

非酸雨城市，降水pH年均值为7.68。

声环境　区域声环境和道路交通声环境昼间质量状况分别为较好和好。功能区噪声昼间点次达标率为100%，夜间点次达标率为96.4%。

生态环境　生态环境质量为"优"。

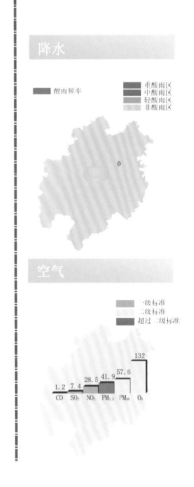

乐山市生态环境质量状况示意图

南充市生态环境质量状况

水环境　地表水总体水质为良好。6个国、省控断面中，优良（Ⅱ～Ⅲ类）水质占100%。
升钟水库水质为优。

城区（高坪区、嘉陵区和顺庆区）、阆中市、南部县、营山县、蓬安县、仪陇县、西充县饮用水水源地水质达标率均为100%。

环境空气　优良天数比例为89.0%，细颗粒物（PM$_{2.5}$）超标。

非酸雨城市，降水pH年均值为7.11。

声环境　区域声环境和道路交通声环境昼间质量状况均为较好。功能区噪声昼间点次达标率为97.5%，夜间点次达标率为80.0%。

生态环境　生态环境质量为"良"。

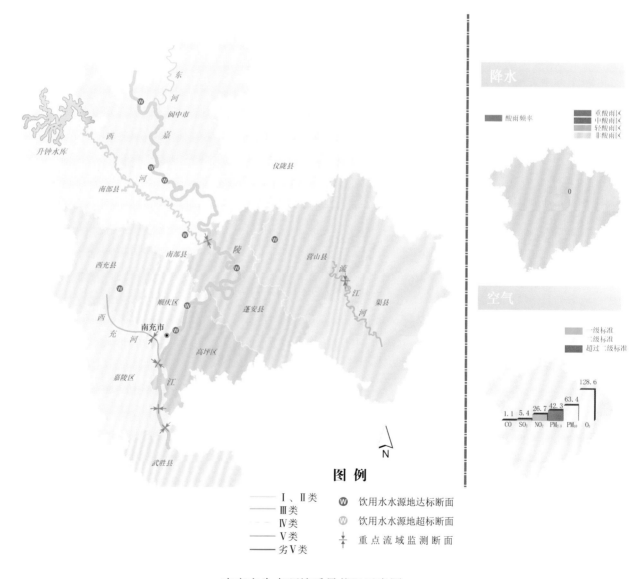

南充市生态环境质量状况示意图

宜宾市生态环境质量状况

水环境　地表水总体水质为优。10个国、省控断面中，优良（Ⅱ～Ⅲ类）水质占100%。

城区（翠屏区）、临港经开区、叙州区、南溪区、江安县、长宁县、高县、珙县、兴文县、屏山县和筠连县饮用水水源地水质达标率均为100%。

环境空气　优良天数比例为79.5%，细颗粒物（PM$_{2.5}$）超标。

非酸雨城市，降水pH年均值为6.67。

声环境　区域声环境和道路交通声环境昼间质量状况分别为较好和好。功能区噪声昼间点次达标率为93.8%，夜间点次达标率为75.0%。

生态环境　生态环境质量为"良"。

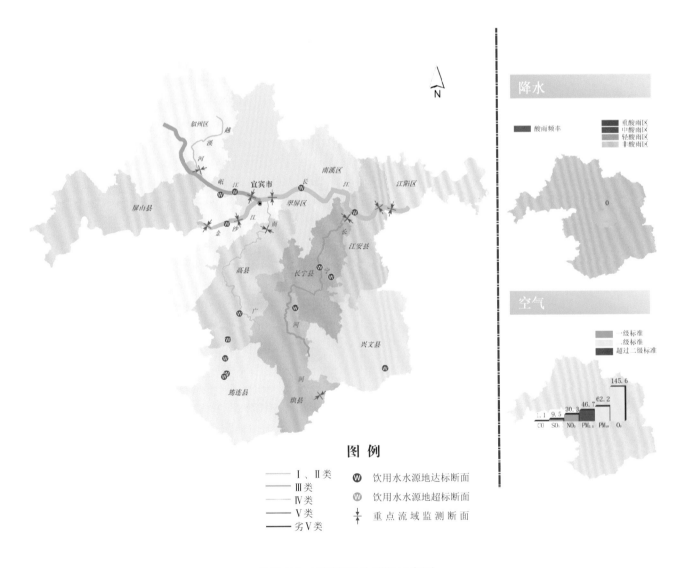

宜宾市生态环境质量状况示意图

广安市生态环境质量状况

水环境　地表水总体水质为优。6个国、省控断面中，优良（Ⅱ～Ⅲ类）水质占100%。大洪湖水质受到轻度污染。

城区（广安区）、前锋区、岳池县、武胜县、邻水县、华蓥市饮用水水源地水质达标率均为100%。

环境空气　空气质量为Ⅱ级，优良天数比例为90.1%。

非酸雨城市，降水pH年均值为5.76。

声环境　区域声环境和道路交通声环境昼间质量状况分别为较好和好。功能区噪声昼间点次达标率为100%，夜间点次达标率为100%。

生态环境　生态环境质量为"良"。

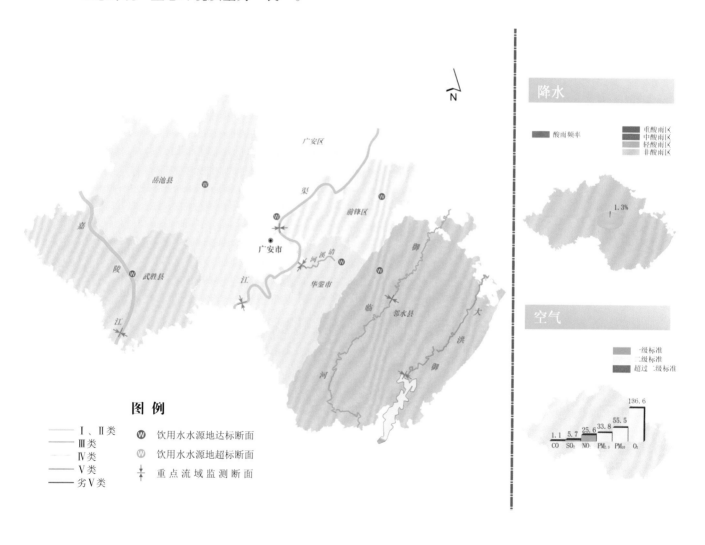

广安市生态环境质量状况示意图

达州市生态环境质量状况

水环境 地表水总体水质为优。9个国、省控断面水质均为优良（Ⅱ～Ⅲ类），占100%。

城区（通川区）、达川区、宣汉县、大竹县、渠县、开江县和万源市饮用水水源地水质达标率均为100%。

环境空气 优良天数比例为82.5%，二氧化氮、颗粒物（PM_{10}）、细颗粒物（$PM_{2.5}$）超标。

非酸雨城市，降水pH年均值为6.26。

声环境 区域声环境和道路交通声环境昼间质量状况分别为一般和较好。功能区噪声昼间点次达标率为88.9%，夜间点次达标率为69.4%。

生态环境 生态环境质量为"良"。

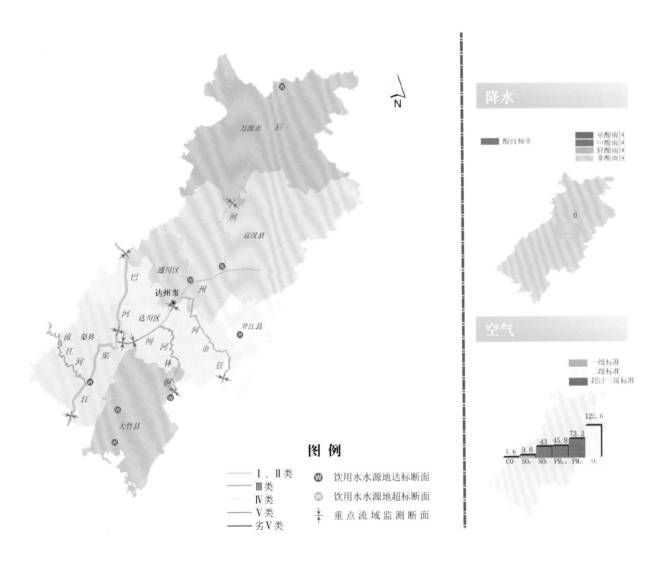

达州市生态环境质量状况示意图

雅安市生态环境质量状况

水环境　地表水总体水质为优。3个国、省控断面中，优（Ⅰ~Ⅱ类）水质占100%。瀑布沟水库水质为优。

城区（雨城区）、名山区、荥经县、汉源县、石棉县、天全县、芦山县、宝兴县饮用水水源地水质达标率均为100%。

环境空气　空气质量为Ⅱ级，优良天数比例为90.7%。

非酸雨城市，降水pH年均值为6.68。

声环境　区域声环境和道路交通声环境昼间质量状况均为较好。功能区噪声昼间点次达标率为100%，夜间点次达标率为100%。

生态环境　生态环境质量为"优"。

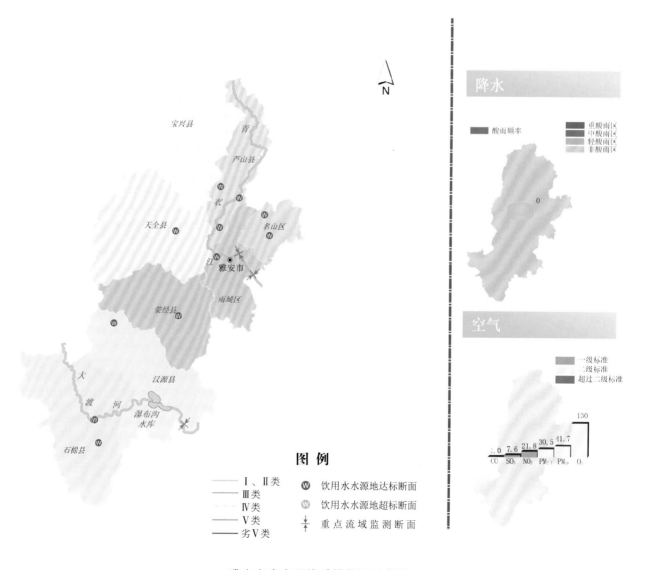

雅安市生态环境质量状况示意图

资阳市生态环境质量状况

水环境 地表水总体水质为轻度污染。6个国、省控断面中，良好（Ⅲ类）水质占66.7%。九曲河的九曲河大桥断面为中度污染，阳化河的巷子口断面为轻度污染。

老鹰水库水质为良好。

城区（雁江区）、安岳县、乐至县饮用水水源地水质达标率均为100%。

环境空气 空气质量为Ⅱ级，优良天数比例为87.1%。

非酸雨城市，降水pH年均值为6.31。

声环境 区域声环境和道路交通声环境昼间质量状况分别为较好和好。功能区噪声昼间点次达标率为100%，夜间点次达标率为100%。

生态环境 生态环境质量为"良"。

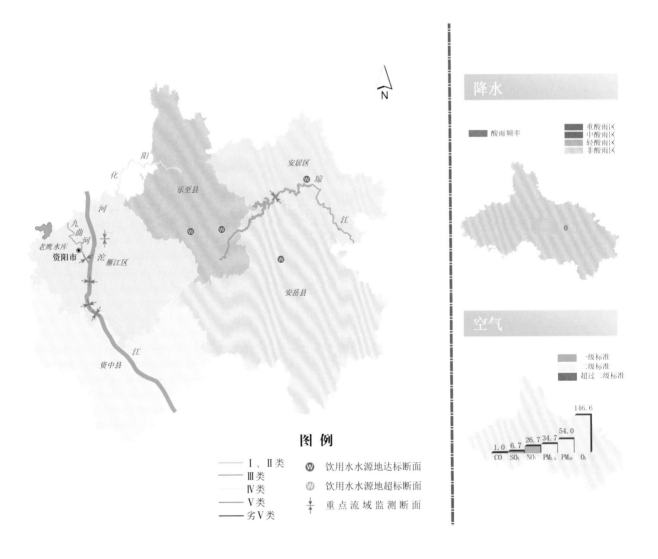

资阳市生态环境质量状况示意图

眉山市生态环境质量状况

水环境　地表水总体水质为轻度污染。12个国、省控断面（彭山岷江大桥未开展监测）中，优良（Ⅱ～Ⅲ类）水质占58.3%。球溪河北斗断面、球溪河发轮河口断面为中度污染，毛河桥江桥断面、思蒙河口断面、体泉河口断面为轻度污染。

黑龙滩水库水质为良好。

城区（东坡区）、彭山区、洪雅县、青神县、仁寿县、丹棱县饮用水水源地水质达标率均为100%。

环境空气　优良天数比例为85.8%，细颗粒物（PM_{2.5}）超标。

非酸雨城市，降水pH年均值为7.2。

声环境　区域声环境和道路交通声环境昼间质量状况分别为一般和好。功能区噪声昼间点次达标率为95.8%，夜间点次达标率为83.3%。

生态环境　生态环境质量为"良"。

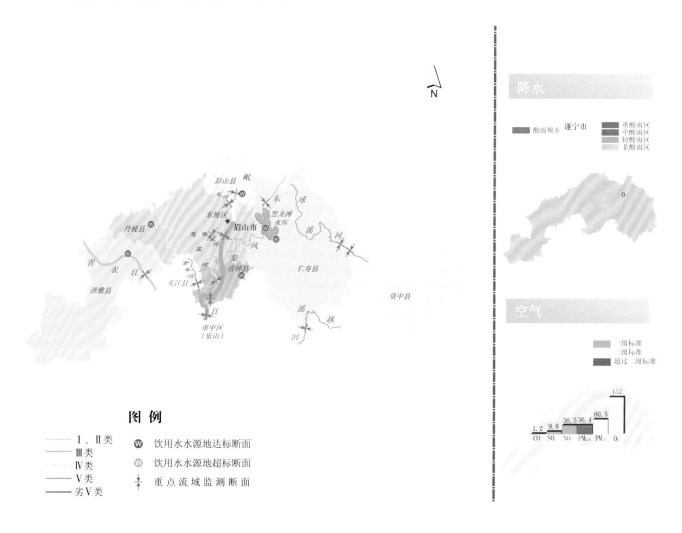

眉山市生态环境质量状况示意图

阿坝州生态环境质量状况

水环境　地表水总体水质为优。9个国、省控断面水质均为优（Ⅱ类）。

马尔康市、阿坝县、汶川县、理县、茂县、松潘县、红原县、九寨沟县、金川县、黑水县、小金县、壤塘县、若尔盖县饮用水水源地水质达标率均为100%。

环境空气　空气质量为Ⅱ级，优良天数比例为100%。

非酸雨城市，降水pH年均值为7.08。

声环境　区域声环境和道路交通声环境昼间质量状况分别为较好和好。功能区噪声昼间点次达标率为100%，夜间点次达标率为95.8%。

生态环境　生态环境质量为"良"。

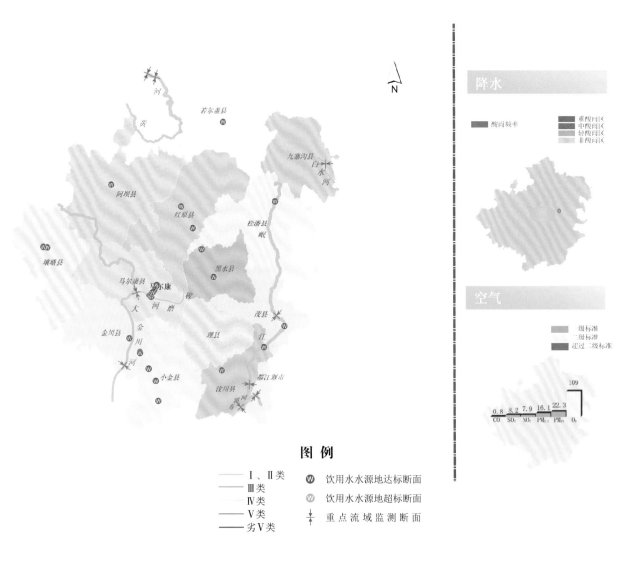

阿坝州生态环境质量状况示意图

甘孜州生态环境质量状况

水环境　地表水总体水质为优。4个国、省控断面水质均为优（Ⅰ～Ⅱ类）。

康定市、炉霍县、九龙县、甘孜县、新龙县、德格县、白玉县、石渠县、色达县、巴塘县、理塘县、乡城县、稻城县、得荣县、雅江县、泸定县、丹巴县和道孚县饮用水水源地水质达标率均为100%。

环境空气　空气质量为Ⅱ级，优良天数比例为100%。

非酸雨城市，降水pH年均值为6.82。

声环境　区域声环境和道路交通声环境昼间质量状况分别为较好和好。功能区噪声昼间点次达标率为100%，夜间点次达标率为100%。

生态环境　生态环境质量为"良"。

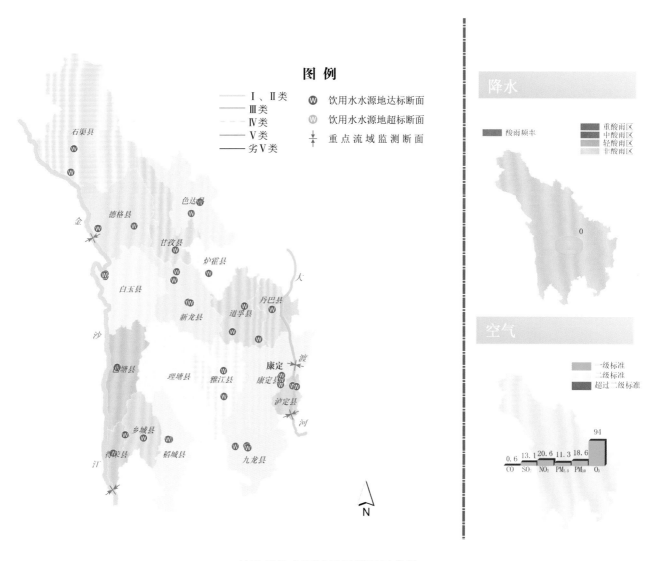

甘孜州生态环境质量状况示意图

凉山州生态环境质量状况

水环境 地表水总体水质为优。5个国、省控断面水质均为优（Ⅱ类）。

邛海（Ⅱ类）、泸沽湖（Ⅰ类）水质为优。

西昌市、盐源县、德昌县、会理县、会东县、宁南县、普格县、金阳县、昭觉县、喜德县、冕宁县、越西县、布拖县、甘洛县、美姑县、雷波县、木里藏族自治县饮用水水源地水质达标率均为100%。

环境空气 空气质量为Ⅱ级，优良天数比例为97.5%。

非酸雨城市，降水pH年均值为7.03。

声环境 区域声环境和道路交通声环境昼间质量状况分别为较好和好。功能区噪声昼间点次达标率为100%，夜间点次达标率为100%。

生态环境 生态环境质量为"优"。

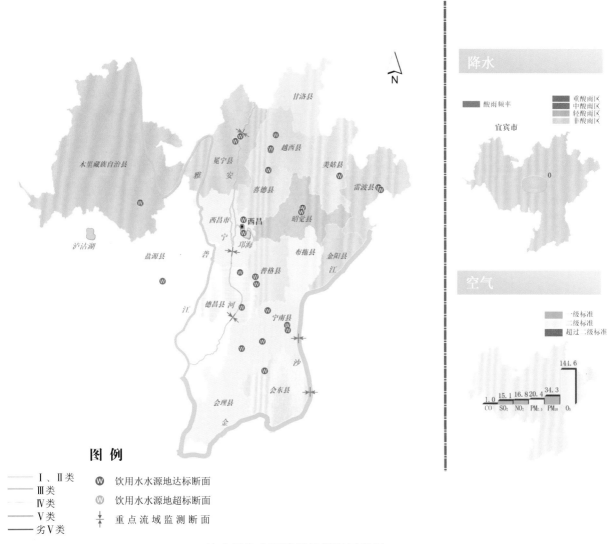

凉山州生态环境质量状况示意图